Leserabe

1. Lese-stufe

Martin Lenz

Iglu, Schnee und Rodelspaß

Wintergeschichten

Mit Bildern von Meike Teichmann

Ravensburger

Bibliografische Information der Deutschen Nationalbibliothek:

Die Deutsche Nationalbibliothek verzeichnet diese Publikation
in der Deutschen Nationalbibliografie.
Detaillierte bibliografische Daten sind im Internet
über http://dnb.d-nb.de abrufbar.

MIX
Papier aus verantwortungsvollen Quellen
FSC® C111262
FSC
www.fsc.org

1 3 5 4 2

Ravensburger Leserabe

Postfach 2460, 88194 Ravensburg
Umschlagbild: Meike Teichmann
Konzept Leserätsel: Dr. Birgitta Reddig-Korn
Design Leserätsel: Sabine Reddig
Textredaktion: Nina Schiefelbein
Produktion & Satz:
Weiß-Freiburg GmbH – Grafik und Buchgestaltung
Printed in Germany
ISBN 978-3-473-36154-0

www.ravensburger.de
www.leserabe.de

Inhalt

Jetzt geht's los!

Seit Stunden fallen
dicke Schneeflocken vom Himmel.
Sima steht am Fenster
und freut sich über
das weiße Wunder da draußen.

Sie ist mit ihren Eltern
und ihrem Bruder Esat
vor einem halben Jahr
aus Syrien gekommen.
Schnee gab es da nicht.

„Mama, dort drüben
rutschen die Kinder
den Hang hinunter“, ruft Sima.

„Dürfen wir da hin?“, fragt Esat.
„Vielleicht lassen sie uns mitfahren.“

„Das ist eine gute Idee“,
meint Mama.

Die Kinder ziehen sich warm an
und gehen los.
Oben am Hang bleiben sie stehen
und schauen eine Weile zu.

„Habt ihr keinen Schlitten?“,
fragt ein Mädchen.
Sima und Esat schütteln den Kopf.

Das Mädchen überlegt kurz –
dann schiebt sie ihren Bob
zu den syrischen Kindern.
„Setzt euch rein,
ich schiebe euch an!“

Sima und Esat lächeln
und steigen in den Bob.
„Gut festhalten!“,
ruft das Mädchen.
„Jetzt geht’s los!“

Die Fahrt beginnt.
Der Bob wird schnell und schneller.
Die Geschwister
reißen Mund und Augen auf.

Am Ende vom Hang
fährt der Bob in eine Mulde
und kippt um.

Sima und Esat landen im Schnee.
Das Mädchen kommt angelaufen.
„Ist euch etwas passiert?“

Als Antwort bekommt sie
zwei strahlende Gesichter,
auf denen noch Schnee klebt.
„Das war toll!“

„Wenn ihr wollt,
können wir abwechselnd fahren“,
sagt das Mädchen.
Sima und Esat verstehen nicht,
was sie meint.

„Erst wir beide, dann wir beide“,
erklärt das Mädchen
und zeigt auf Sima und sich,
dann auf sich und Esat.
„Ja“, sagt Sima und lächelt.

Zu dritt ziehen sie den Bob
wieder hinauf.
Die nächste Fahrt kann beginnen!

Seltsame Spuren

Lea und Max wollen
zu Oma und Opa gehen,
die am Rand der Stadt wohnen.
Der Weg führt über ein Feld
durch tiefen Schnee.

Plötzlich bleiben sie stehen.
Auf dem Boden sehen sie
seltsame Spuren.
„Die sind ja riesig!“, murmelt Max.

„Schau mal genau hin“, sagt Lea.
„Das sind immer drei Abdrücke.“

Max staunt.
„Wieso drei Abdrücke?
Stammen die etwa
von einem Ungeheuer?“

„Wenn ja, dann hat es drei Beine“,
sagt Lea.
Max sieht sich ängstlich um.

„Was macht ihr denn hier?“, brummelt eine Stimme.
Lea und Max schauen erschrocken hoch.
Vor ihnen steht der alte Sepp vom Bauernhof.

„Wir ... haben ...
diese Spuren entdeckt.
Und wir haben uns gewundert,
dass es drei sind“,
antwortet Lea.

„So, so, ihr habt euch gewundert.“
Der alte Sepp
schaut auf seine Füße.

Die Kinder folgen seinem Blick.
„Ach so, die Spuren stammen
von Schneeschuhen!“, ruft Lea.

„Aber ... aber du hast doch nur
zwei Beine“, stottert Max.
Da lacht der alte Sepp.

Geschichte 2

Er hebt seinen Gehstock hoch.
An der unteren Seite hat er auch
einen Schneeschuh befestigt.

„Sonst versinkt der Stock im Schnee
und bleibt stecken“, erklärt er.

Jetzt lachen auch Lea und Max.

Ein Iglu auf dem Schulhof

Am Montag kommen
die Kinder der Burg-Schule
kaum in ihre Klassenzimmer.

Am Wochenende hat es
so viel geschneit,
dass sich die Schneeberge
auf dem Schulhof türmen.

„Die Schülerinnen und Schüler
der Klasse zwei
bitte auf den Hof kommen!“,
dröhnt es durchs Schulhaus.

Draußen spricht die Rektorin
zu den Kindern.

„Guten Morgen, liebe Kinder.
Heute findet kein
Sport-Unterricht statt.
Die Heizung in der Halle
ist kaputt.
Ihr dürft dafür mit eurer Lehrerin
auf dem Schulhof ein Iglu bauen.“

Die Schüler jubeln
und rufen laut durcheinander.

Ein Teil der Kinder
schafft den Schnee heran.
Die anderen bauen daraus
die Wände.

„Jetzt kommt das Schwierigste“,
sagt die Lehrerin.
„Ich weiß es“, ruft Matteo,
„das Dach!“
Die Lehrerin nickt.

Gemeinsam setzen sie die Blöcke
Stück für Stück
zu einem runden Dach zusammen.
Es hält gut.

Nach einer Stunde
ist das Iglu fertig.
Weil nicht alle Kinder
gleichzeitig Platz darin haben,
gehen sie nacheinander hinein.

Drinnen staunen sie.
„Hier ist es ganz leise“,
flüstert Sophie.

„So, jetzt habt ihr euch
warmen Tee verdient“,
sagt die Rektorin.
Mit Bechern und zwei Kannen
steht sie vor dem Iglu.

Die Kinder freuen sich
auf etwas Warmes.

„Nun haben wir ein eigenes Haus!“,
ruft Kenan.
„Wie gut, dass die Heizung
kaputt war“,
freut sich Sophie.

Ein besonderer Schneemann

Am Nachmittag läuft Anne
in den Garten.
Dort baut sie einen Schneemann.
Als er fertig ist,
geht Anne noch mal ins Haus.

Mit einer Karotte,
zwei kleinen Äpfeln und einer Banane
kommt sie zurück.
„Das wird dein Gesicht“,
sagt sie leise.

Vorsichtig drückt Anne
die Karotte als Nase
in die obere Schneekugel.
Dann die Äpfel als Augen
und die Banane als Mund.

„Danke, dass du mich
zum Leben erweckt hast“,
murmelt eine Stimme.

Anne schaut das Gesicht
mit großen Augen an.
„Das kann nicht sein“, denkt sie.

„Mir ist übrigens kalt“,
sagt der Schneemann.
„Du kannst wirklich sprechen“,
flüstert Anne.
„Ja, und mir ist kalt“,
sagt der Schneemann noch mal.

„So etwas hab ich ja
noch nie gehört“,
wundert sich Anne.
„Es gibt einen Schneemann,
dem es zu kalt ist?“

Sie holt einen alten Mantel
aus der Wohnung.

„Ich würde dich ja
mit ins Haus nehmen,
aber da würdest du schmelzen“,
sagt Anne zu dem Schneemann.
„Nein, nein“, erwidert er,
„ich schmelze nicht.“

Anne wundert sich immer mehr.
„Kannst du denn laufen?“
Der Schneemann nickt.
„Ja, wenn du mich
an der Hand nimmst.“

Die beiden schleichen unbemerkt
in Annes Zimmer.
„Oh, ist das warm hier“,
freut sich der Schneemann.
„Das ist der schönste Tag
in meinem Leben.“

„Wärm dich auf!“,
sagt Anne.
„Und dann gehen wir
wieder raus zum Spielen.“
Der Schneemann nickt und lächelt.

Leserabe Leserätsel

Rätsel 1

Seltsam, seltsam

Welches Wort stimmt? Kreuze an!

Die Spuren im Schnee sind
○ rot.
○ rechteckig.
☒ riesig.

Die Rektorin bringt
☒ Tee.
○ Teller.
○ Torten.

Der Schneemann kann
○ spucken.
☒ sprechen.
○ spritzen.

Rätsel 2

Zahlen, Zahlen

Findest du die richtige Seite? Trage die Zahl ein!

Auf Seite 10 steht ein Mal **Geschwister**.

Auf Seite 20 steht ein Mal **Gehstock**.

Auf Seite 25 steht ein Mal **Mantel**.

Kreuz und quer

Rätsel 3

Fülle die Kästchen aus!
Schreibe Großbuchstaben:
Mann → MANN

Lösungen
Rätsel 1: riesig, Tee, sprechen
Rätsel 2: 10, 20, 35
Rätsel 3: Schneemann, Iglu, Spur, Auge, Heizung, Banane

Rätsel 4

Rätsel für die Rabenpost

Was passiert? Fülle die Lücken aus. Trage die Buchstaben in die richtigen Kästchen ein. So findest du das Lösungswort heraus!

Sima steht am

F	E	3 N	S	T	E	R

. (Seite 4)

Lea sieht drei

A	B	D	R	Ü	C	K	4 E

. (Seite 15)

Die Heizung ist

1 K	A	P	U	T	T

. (Seite 23)

Dem Schneemann ist

K	2 A	L	T

. (Seite 34)

Lösungswort:

1 K	2 A	N	3 N	4 E

Rabenpost

Herzlichen Glückwunsch!

Du hast das ganze Buch geschafft und die Rätsel gelöst, super!!!

Jetzt ist es Zeit für die Rabenpost. Wenn du das Lösungswort auf Seite 42 herausgefunden hast, kannst du tolle Preise gewinnen, aber bitte frage vorher deine Eltern, ob du mitmachen darfst!

Das Lösungswort kannst du auf der Website eingeben: ▶ www.leserabe.de

oder schick es mit der Post an:

Lösungswort:

An
den LESERABEN
RABENPOST
Postfach 2007
88190 Ravensburg
Deutschland

* Wir verwenden die Daten der Einsender nur für das Gewinnspiel und nicht für weitere Zwecke. Alle weiteren Informationen zum Datenschutz und über unser Gewinnspiel findet ihr unter **www.leserabe.de**.